捕捉昆虫的方法

一般可以用捕虫网从后面扣过去，或者从侧面捕。

捕捉草丛里的蝗虫等昆虫时，可以从草上扫过去。

也可以敲打树叶，让藏在叶子里的昆虫掉下来。

当昆虫落到网里时，转动网柄，让网口朝下，防止它们逃跑。

● 捕捉到蜂类昆虫时 ●

把蜂类昆虫赶到网底，将毒瓶伸入网内（小心不要被蜇）。

等蜂类昆虫进入毒瓶后，立刻用网袋封住瓶口，塞入软木塞。

保持这种状态，直到蜂类昆虫死亡。

● 陷阱（捕捉昆虫的机关）●

在纸杯中放一块即将腐烂的肉，放在土坑中吸引昆虫。

即将腐烂的肉

把塑料瓶上面的部分切下来，倒插在瓶身中。

放入腐烂的香蕉。

排出雨水的小孔

把它挂到树上，昆虫就会被气味吸引，进到瓶中。

和雨蛙爸爸一起去

采集昆虫

初体验

[日]松冈达英 文/图　田秀娟 译

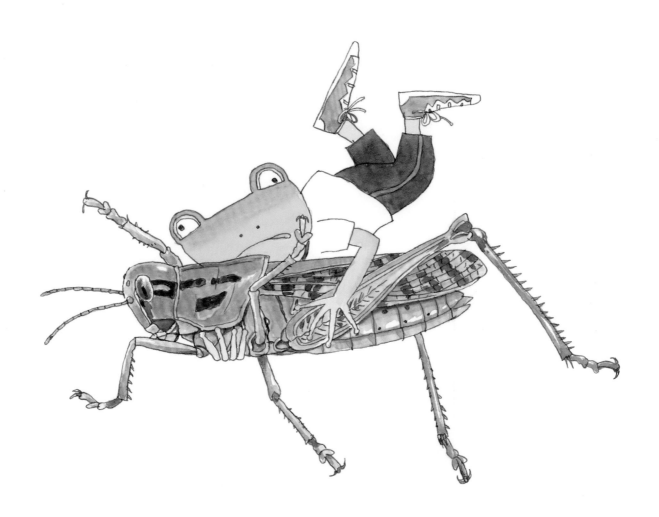

美
安徽美术出版社
Anhui Fine Arts Publishing House

石头和落叶底下，
藏着各种各样的生物。

我们也会
去石头底
下找吃的。

泥土中

咦，有的洞口是敞着的，
有的洞口是封着的。

还有漏斗形状的洞。

黑褐蚁

这个洞上有一个奇怪的盖子，
仔细看看吧。

（一定会让你大吃一
惊的，呵呵呵。）

落叶在动。→

黑泥蜂

草螽 (zhōng)

黑泥蜂把螫(shi)针刺入草
螽体内，等草螽不动了，
再把它搬走。

蚁蛉(líng)（成虫）

哇！
就像藏在
土里的忍者一样！

蚁狮等待蚂蚁掉入漏斗形状的巢穴底部，吃掉它们。

小庭虎甲（幼虫）
藏在洞里，等待食物自投罗网。

蚁狮（蚁蛉的幼虫）

黑褐蚁蚁巢的入口

储藏的食物

黑泥蜂把卵产在昏迷的草蜮身上。

黑褐蚁

草蜮

幼虫和卵的房间

乌蔹(liǎn)莓

乌蔹莓的花就像
小小的香橙派一样。

好多好多
的蜜汁啊。

昆虫们特别喜欢
乌蔹莓的花。

食蚜蝇

乌蔹莓的花

雌蕊

雄蕊

花瓣

昆虫一碰，
花瓣和雄蕊
就会脱落。

13

朽木和蘑菇

黑木耳
口感爽脆，
可以食用。

亚侧耳
长得很像平菇
和类脐菇，表皮
能剥掉，可食用。

我喜欢粪便的臭味，
也很喜欢这种像腐肉
一样的臭味。

这个蘑菇
好臭啊，
样子也
好奇怪。

桦革褶(zhě)菌

鬼笔
特别臭！

鬼笔的剖面

鬼笔的
幼菌

切开后，
是这个
样子。

蘑菇上会聚集很多昆虫。
用放大镜仔细观察一下吧。

我也喜欢
臭味.

看,
喻.

蜜环菌
长在枹(bāo)树
或麻栎上,
可食用。

猴头菇
长在枹树和麻栎上,
可食用。

云芝

浅橙黄鹅膏菌
很漂亮,可食用。

厚环粘盖牛肝菌
黏糊糊的,
但是形状很可爱。
伞盖背面像海绵
一样,可食用。

网纹马勃

毒蝇伞
红色,很漂亮,
有毒。

网纹马勃
成熟后会裂开,
喷出孢子。

小心不要吸进体内!

短尾黄蟌

日本稻蝗

中华剑角蝗（雄虫）

中华剑角蝗（雌虫）

云斑车蝗
比东亚飞蝗小。

虎甲

日本蚱
非常小。

黄脸油葫芦

25

黄蜂

我最喜欢麻栎的树液了。

大褐象鼻虫

麻栎

哇，有黄蜂，好可怕！

还没长大的麻栎果

栅黄灰蝶

麻栎的树液

树皮的破损处会渗出富含养分的树液。树液很甜，会发酵，深受昆虫们的喜爱。

麻栎果

秋天时，会变成褐色。

鳞片看上去像鸟巢一样。

细带闪蛱蝶

麻栎的树液
会招来很多
昆虫。

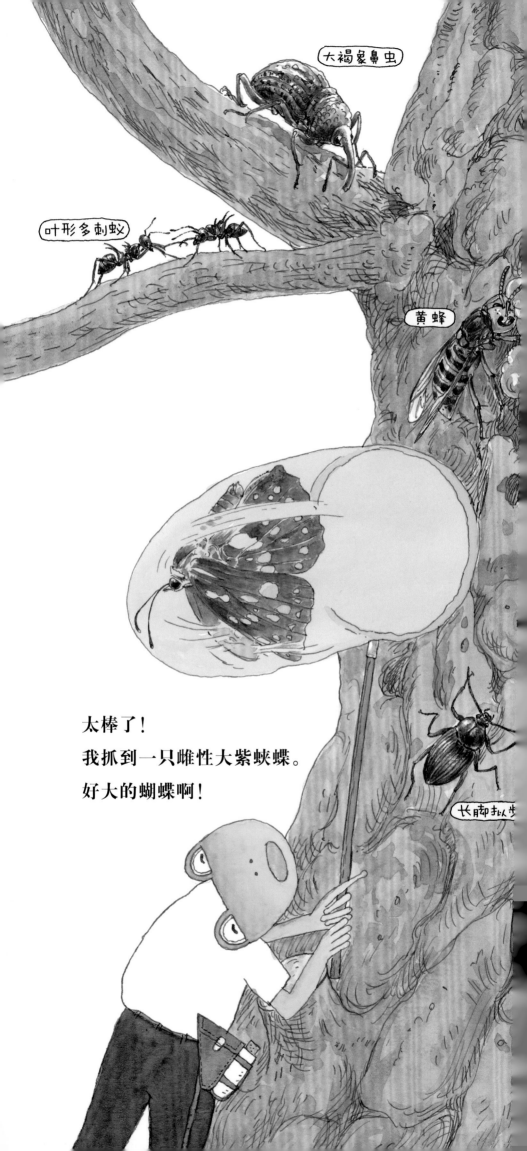

大紫蛱蝶(雄虫)

绿罗花金龟

云斑白条天牛

当我还是一粒
虫卵时，就住在
麻栎上了。

东亚阴眼蝶

竹节虫
吃麻栎的叶子。

怎么样，厉害吧？
还有更厉害的呢！
到了晚上，这里
还会招来不同的
昆虫。

拟斑脉蛱蝶

人工树液的制作方法

这样就能抓住锹甲了。

香蕉

把香蕉切成圆片，
泡在烧酒和乳酸
饮料做成的混合
物中，等它变质后，
充分搅拌。

真好吃！

蟑螂(幼虫)

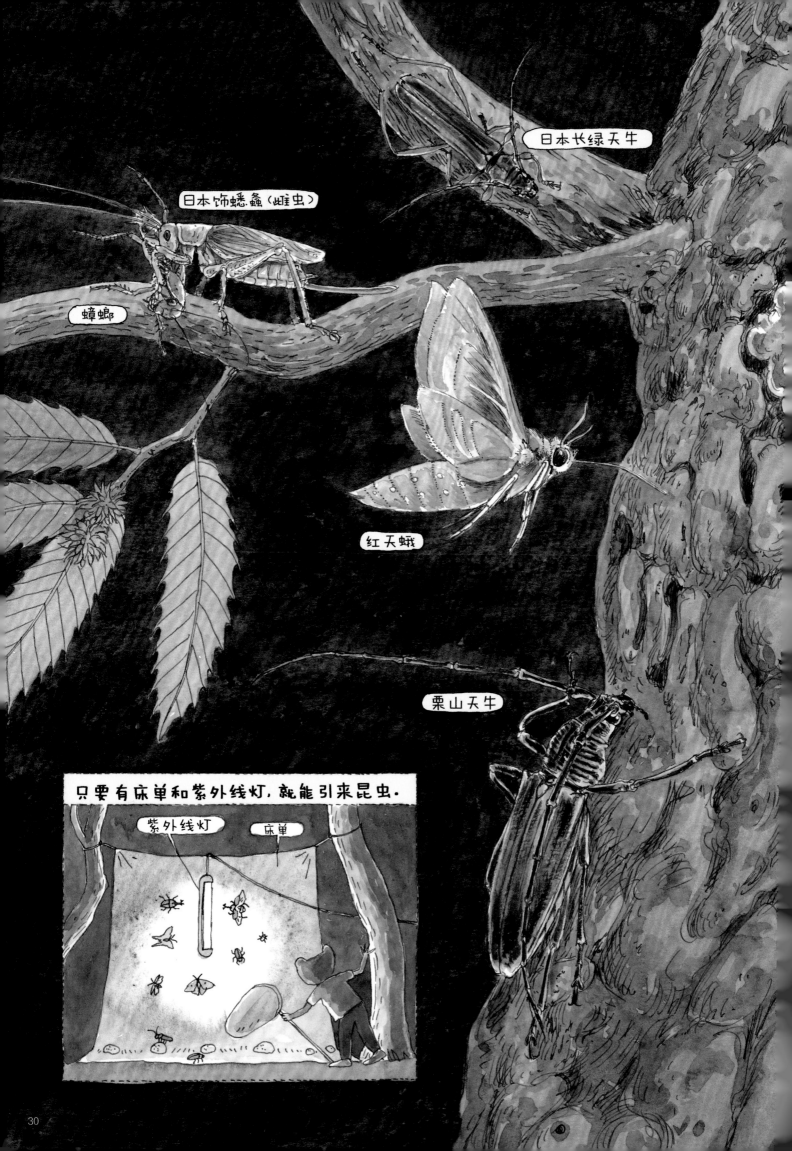

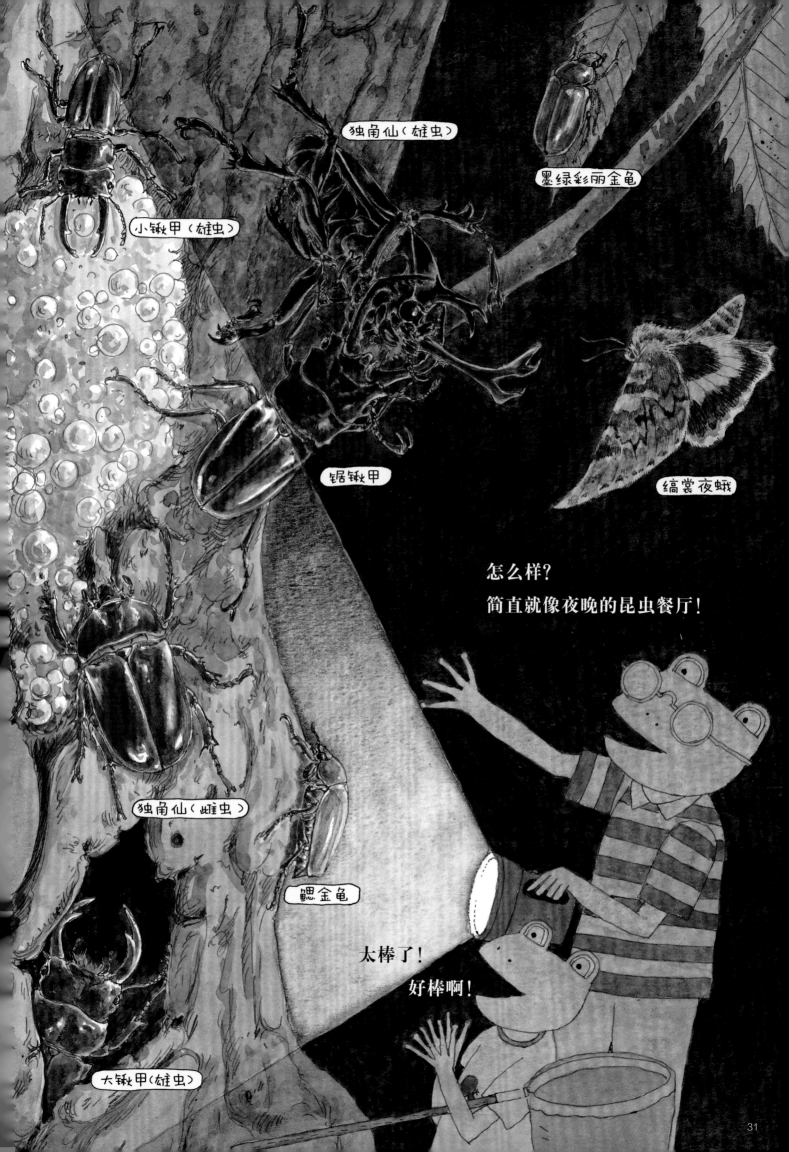

采集昆虫，认真观察它们，能更好地认识这些和我们一起生活在地球上的同伴，有助于我们更好地保护地球。据说地球上生活着大约100万种昆虫，很厉害吧。呱呱！

——贪吃的雨蛙爸爸

松冈达英

　　1944年出生于日本新潟县长冈市。热爱昆虫，和书中的雨蛙爸爸很像。创作了大量的自然主题科学绘本。主要作品有《哇！》《蹦！》《洞》《谁的声音？》《做朋友吧》《好疼呀！好疼呀！》《变成了青蛙》《雨蛙老师的趣味自然课》《跟着蚱蜢机器人去探险》等。

版权合同登记号：12-242-136

图书在版编目（CIP）数据

和雨蛙爸爸一起去采集昆虫初体验/（日）松冈达英
文、图；田秀娟译. -- 合肥：安徽美术出版社，
2024.5

ISBN 978-7-5745-0558-2

Ⅰ.①和… Ⅱ.①松… ②田… Ⅲ.①昆虫–儿童读
物 Ⅳ.①Q96-49

中国国家版本馆CIP数据核字（2024）第063135号

和雨蛙爸爸一起去采集昆虫初体验

HE YUWA BABA YIQI QU CAIJI KUNCHONG CHU TIYAN　　[日]松冈达英 文/图　田秀娟 译

出 版 人：王训海		策划编辑：司　雯	
责任编辑：许　飚		特约编辑：杭　鹰	
责任校对：司开江		装帧设计：尹成彬	
责任印制：欧阳卫东		出版发行：安徽美术出版社	

地　　址：合肥市翡翠路1118号出版传媒广场14层
邮　　编：230071
印　　制：北京汇瑞嘉合文化发展有限公司
开　　本：889 mm×1194 mm　1/12
印　　张：2.5
版（印）次：2024年5月第1版　2024年5月第1次印刷
书　　号：ISBN 978-7-5745-0558-2
定　　价：45.00 元

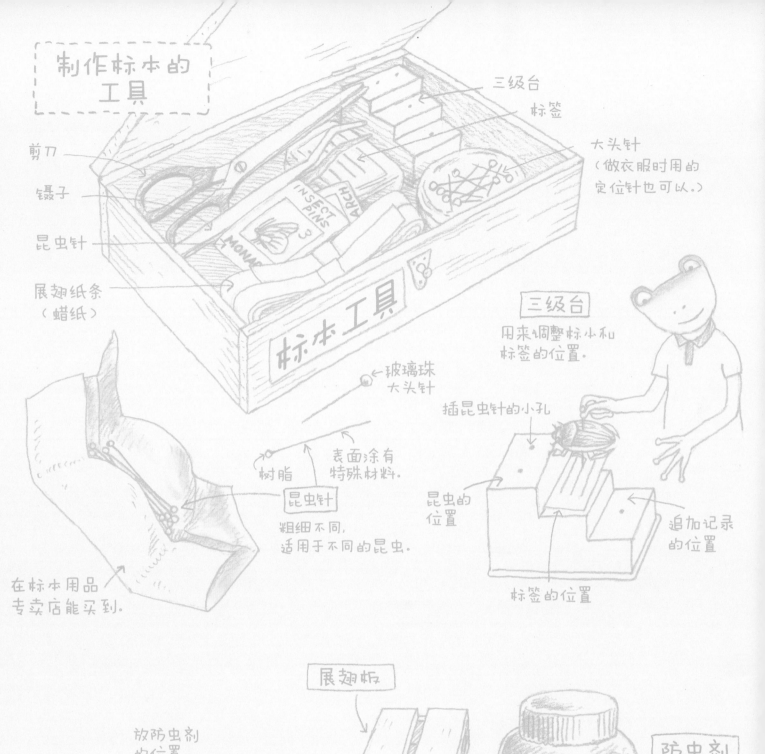

制作标本的工具

剪刀
镊子
昆虫针
展翅纸条
（蜡纸）

三级台
标签
大头针
（做衣服时用的定位针也可以。）

标本工具

INSECT PINS
ARCH
3
MONAR

玻璃珠大头针

树脂

表面涂有特殊材料。

昆虫针
粗细不同，适用于不同的昆虫。

在标本用品专卖店能买到。

三级台
用来调整标本和标签的位置。

插昆虫针的小孔

昆虫的位置

追加记录的位置

标签的位置

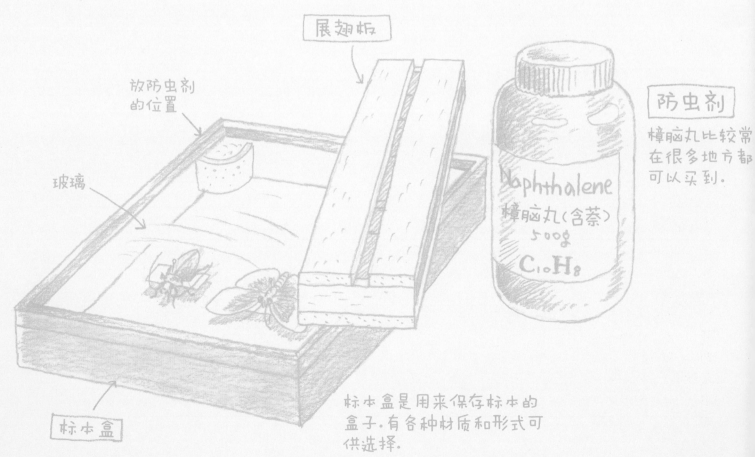

展翅板

放防虫剂的位置

玻璃

标本盒

防虫剂
樟脑丸比较常在很多地方都可以买到。

Naphthalene
樟脑丸（含萘）
500g
$C_{10}H_8$

标本盒是用来保存标本的盒子。有各种材质和形式可供选择。